新手学
烘焙日常甜点

[日]荻山和也 著

苏婷婷 译

中国水利水电出版社

www.waterpub.com.cn

·北京·

Part 1 超简单♪ 曲奇 & 小甜饼

Part 2 可以果腹的甜点♪ 司康 & 马芬等

Part 3 轻奢风♪ 磅蛋糕 & 塔

✦ 磅蛋糕 ✦

✦ 塔 ✦

· 书中材料皆以克（g）为单位标记。用克（g）无法称量的使用大勺（15ml）、小勺（5ml）标记。
· 烤箱的烘焙时间为基准时间。烤箱因型号不同，多少会存在误差，请根据书中的记载时间和烤制的具体情况进行调整。
· 本书记录的微波炉用时为功率600W的微波炉所需的时间。根据型号不同，多少会存在一些误差。
· 使用厨房家电时请遵循说明书的使用指南，千万注意安全，防止烫伤等情况的发生。

面包房中的各式甜点为本书的主要介绍对象。

将简单的小麦粉进行造型、烘焙可是面包房的看家本领。

在这里，我们所介绍的甜点的制作方法只需简单的原料便能活现小麦粉的美味。

全书会对如何将"在面包房才能买到的甜点"变成"谁都能轻松制作的甜点"的方法进行讲解。

本书所记载的制作方法全部为我在面包烘焙教室中向学生教授的。

在我们等待面包出炉的时间里，利用手头的材料就能制作甜点，非常简单方便。

这种做法深受大家好评，不知不觉中，所做的甜点种类也越来越多。

我一直在思考既简单又美味的甜点制作方法，并不断地进行改良。

当然其中也有十年如一日没有变更过的"老方子"。

无一例外都是我投入心血的结晶，相信一定能让您满意。

面包·烹饪研究室 荻山和也

本书甜点制作方法的亮点

1 "天然原味"——尽享麦香与动物黄油的风味

书中所提及的面粉不是烘焙专用面粉，而是随处可见的低筋面粉。其因所含麸质丰富，有着浓郁麦香。

一般烘焙点心在制作过程中，为了使成品口感轻盈，大多使用人造植物黄油和起酥油。本书在配方选用上不依靠人工原料，追求天然原味，全部选用动物黄油。

由此可以制作出具有浓厚黄油风味的各式点心。若是想烤制口感松脆的甜点，则可通过调整原料用量配比来实现。

2 "零失败"——即使是烘焙新手也可以迅速上手的配方

书中配方选用了合适的材料配比，可有效防止由于混合不当造成的水油分离、水粉分离等问题。即使是没有烘焙经验的新手也能做出令人惊艳的甜点。

3 "超快手"——30~60 分钟美味上桌

只需混合原料即可烤制的曲奇类仅需30分钟，塔类需要60分钟。皆为简单快捷的制作方法。

真正做到随做随享。

烘焙甜点的
基本要点

本章将介绍制作烘焙甜点的基本事项。
请先阅读本章来开始烘焙之旅的第一步吧！

面粉

为突出麦香，选用日清的"花牌（Flower）"低筋面粉。这种低筋粉在超市随处可见，是我们常用来烹饪的普通面粉。还有种专门用于烘焙的低筋面粉叫做"紫罗兰（Violet）"，两者进行比较的话，花牌所含麸质更多，面粉自身的麦香味更浓。所以，为了突出成品麦香，推荐使用花牌低筋面粉。

硅胶刮刀＆打蛋器

在混合原料时，我们根据鸡蛋和黄油的比例来选择是用硅胶刮刀还是打蛋器进行搅拌。蛋比黄油少的情况下使用硅胶刮刀。相反，蛋相对较多的情况下选用打蛋器。难以充分混合的材料不要一个劲儿地用打蛋器搅拌，可先用硅胶刮刀拌匀再使用打蛋器进行充分搅拌。

粉类的过筛方法

一次性将粉类全部过筛的具体方法为：将所有面粉放进保鲜袋内，袋内留有空气、呈鼓胀的状态为最佳。单手捏紧袋口，上下摇动保鲜袋。当然，也可使用粉筛。若是筛粉量少的话，则可用茶叶滤网过筛。

①将所有粉类一并倒入保鲜袋中。

②两手撑袋口，使空气进入。

③用手捏紧袋口，防止空气溢出，上下摇动手臂。

黄油

选择使用含盐黄油。天然（动物）黄油加上盐味相佐，使口感柔和，令人回味无穷。

切勿过度搅拌

若想做出口感酥脆的甜点，切忌将原料过度搅拌。搅拌到没有干粉的状态即可停止，最后再用硅胶刮刀混合均匀。如果碰到难以拌匀的情况，不要用蛮力继续搅拌了，而是要用手将其和匀。

面团的搅拌手法

待混合的原料用硅胶刮刀搅拌的话，要使用切拌的手法。上了劲的面团会使口感发生改变。要像拌寿司饭一样轻盈地搅拌才行。

①硅胶刮刀插入原料底部。

②沿着盆边刮一圈，使原料聚拢到中间。

③用刮刀画圈，将底部的原料翻到上面。

④像用刀一样切拌原料三至四次。

⑤重复步骤①～④，直到看不见干粉为止。

超简单~♪

曲奇 & 小甜饼

在这里，我将介绍混合几种材料即可烤制的曲奇类点心。仅需30分钟便可完成，即使是繁忙时刻也可轻松享受美味！！

Part 1

借助勺子造型

P8 ～ P13

接下来我将介绍四种借助勺子造型的曲奇的制作方法。虽然都是用勺子来帮忙造型，但每种成品的形状都不一样。

即便没有费心地进行造型，烤出来的曲奇一眼看上去还是会令人感觉非常可爱的，烘焙新手也可以出色完成。♪

Egg White Cookie

蛋白曲奇

葡萄干的甜味绽放于舌尖。口感醇厚。

原料　8个量

[粉类]

低筋面粉	25g
杏仁粉	15g
泡打粉	1g

[其他]

黄油	30g
绵白糖	30g
蛋白	35g
葡萄干	15g
核桃仁	15g

事前准备

黄油
黄油回温至室温。

蛋白
蛋白用叉子打散。

葡萄干
葡萄干用水微微泡发，擦干表面水分。

核桃仁
核桃仁置于160℃的烤箱中烤制10分钟，待凉后轻轻砸碎成小块。

制作方法

1 粉类过筛

将低筋面粉、杏仁粉与泡打粉放入保鲜袋中，筛粉方法请参考P6 "粉类的过筛方法"。

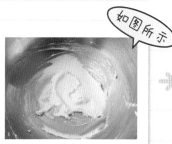

③搅拌至颜色发白。

如图所示

2 制作面团

①将回温好的黄油放入料理盆中，用硅胶刮刀搅拌，使其变软。

②加入绵白糖，充分搅拌使其与黄油融合。

④换打蛋器，分3次加入蛋白，每次都要充分混合。

⑤加入筛好的粉、葡萄干、核桃碎，用硅胶刮刀搅拌。注意翻拌手法，不要过度搅拌。

3 造型

⑥搅拌至无干粉的状态后，将面团规整到一起。

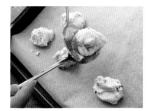

先把面团分成8等份。准备两把勺子，把分好的面团整成圆形，并将其放在铺好烘焙纸的烤盘上。

4 放入烤箱烤制

事先将烤箱预热至170℃，烤制12分钟。

烤制时表面会裂开
呈现自然的花纹♪

Chocolate Crinkle
巧克力裂纹曲奇

外表酥脆，内里湿润。神奇的口感让人欲罢不能。♪

原料　10块量

[粉类]	
低筋面粉	90g
泡打粉	1g

[其他]	
蛋液	50g
黄砂糖	60g
板状巧克力（微苦型）	90g
黄油	10g
糖粉	适量

事前准备

融化巧克力

①将板状巧克力切成小块。

②把巧克力块与黄油一起盛入小一点的盆中，隔热水将其融化。

制作方法

1 粉类过筛

将低筋面粉、泡打粉放入保鲜袋中，筛粉方法请参考P6"粉类的过筛方法"。

2 制作面团

如图所示

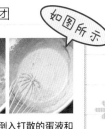

①在料理盆中倒入打散的蛋液和黄砂糖，用打蛋器搅打2分钟左右，直至蛋液呈现细腻蓬松的泡沫状。

②加入融化好的巧克力，再次搅拌均匀。

③加入筛好的粉，搅拌至无干粉。

3 将面团冷藏

盖好保鲜膜，放入冰箱冷藏30分钟至其变硬。

4 造型

①把面团分成10等份。借助两把勺子将面团整成圆形后在上面沾满糖粉。

②用手再次将面团塑形。把造型完毕的面团在铺了烘焙纸的烤盘上码好。待所有面团在烤盘上摆好后，用手指轻轻按将面团压平。

5 放入烤箱烤制

事先将烤箱预热至160℃，烤制15分钟。待放凉后再从烘焙纸上取下装盘。

刚出炉的曲奇是软的，记住放凉后再从烘焙纸上取下哦。♪

Galette Coco
椰香薄饼
椰香四溢的热带风味甜点。

原料	10块量

[粉类]

低筋面粉	5g

[其他]

蛋液	30g
白砂糖	20g
椰子粉	50g

要点

如何决定每块薄饼的分量

用勺子把面团舀到烤盘上之前，先在料理盆中将其分为十等份，这样就能做出大小均匀的薄饼了。

制作方法

1 制作面团

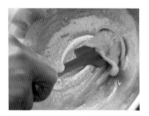

①往料理盆中倒入蛋液与白砂糖，用硅胶刮刀搅拌。

②搅拌均匀后，用滤茶网筛入低筋面粉。

如图所示

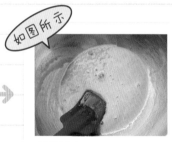

③搅拌均匀。

如图所示

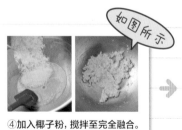

④加入椰子粉，搅拌至完全融合。

2 造型

将面团十等分后用勺子盛到铺有烘焙纸的烤盘上，并用勺子背面将其压扁。

3 放入烤箱烤制

烤箱事先预热至170℃，烤制8分钟。

White Chocolate Crinkle

白巧克力裂纹曲奇

成品的样子只有出炉时才会揭晓，敬请期待。♪

原料　10个量

[粉类]

低筋面粉	90g
泡打粉	1g

[其他]

蛋液	50g
绵白糖	50g
板状巧克力（白巧）	80g
黄油	10g
椰子粉	30g
糖粉	适量

事前准备

融化巧克力
切块后的巧克力与黄油一起放入盆
中，隔热水将其融化。

制作方法

1 粉类过筛

将低筋面粉、泡打粉放入保鲜袋
中，筛粉方法请参考P6"粉类的
过筛方法"。

2 制作面团

如图所示

①在料理盆中倒入打散的蛋液和
绵白糖，用打蛋器搅打2分钟左
右，直至蛋液呈现细腻蓬松的泡
沫状。

②加入融化好的白巧克力，再次
搅拌均匀。

3 加入粉类后将面团冷藏

加入筛好的粉类与椰子粉搅拌至
无干粉。盖好保鲜膜，放入冰箱
冷藏30分钟至其变硬。

4 造型

将面团十等分。用两把勺子把面
团整成圆形再沾满糖粉。用手再
次将面团塑形。将造型后的面团
在铺了烘焙纸的烤盘上码好。待
所有面团在烤盘上摆好后，用手
指轻按将面团压扁。

5 放入烤箱烤制

事先将烤箱预热至160℃，烤制15
分钟。待放凉后再从烘焙纸上取下
装盘。

揉&揪

P14 ～ P25

本节将介绍一些需要用手造型的甜点的制作方法。为了使成品大小均匀,有时需要将面团揉成柱形或圆形。一起来巧用保鲜膜制作精致漂亮的甜点吧。

Snowball

雪球

口感香脆，小巧玲珑一口一个。

原料　16个量

[粉类]

低筋面粉	50g
杏仁粉	30g

[其他]

黄油	50g
糖粉	20g

[装饰材料]

糖粉	适量

事前准备

黄油
黄油回温至室温。

烘烤粉类
将低筋面粉、杏仁粉放入保鲜袋中，筛粉方法请参考P6"粉类的过筛方法"。将筛好的粉类倒在铺好烘焙纸的烤盘上铺平，放入120℃的烤箱烘烤20分钟，从烤箱中取出放置至完全冷却。

制作方法

1 面团的制作与冷藏

①将黄油放入料理盆中，用硅胶刮刀搅拌，使其变软。加入糖粉，搅拌至糖粉与黄油充分融合、黄油更加顺滑。

②加入烘烤过的粉类，搅拌至无干粉的状态即可停止，将面团聚拢。

③将面团擀成直径为3cm的圆柱体，用保鲜膜包裹后放入冰箱冷藏室冷藏60分钟。

2 造型

①将冷藏好的面团从保鲜膜中取出，用切面刮板切割成四等分，再将每份分成2份，这样我们会得到8个面团，继续对半分，最终分成16份。

②用手将上一步得到的16个面团搓圆。

③将揉好的面团码放至铺好烘焙纸的烤盘上。

要点

面团难以搓揉怎么办？

遇到面团过硬导致难以揉圆的情况，可以先用手掌握住面团，用体温将面团稍稍焙热后会更方便揉搓。

3 放入烤箱烤制

事先将烤箱预热至140℃，烤制25分钟。

4 装饰

待热气散去，裹满糖粉。

Chocolate Chips Cookie
巧克力碎曲奇

满满巧克力碎，孩子们的最爱！！

原料	8块量

[粉类]

低筋面粉	70g
泡打粉	1g

[其他]

黄油	30g
绵白糖	50g
蛋液	20g
巧克力碎	50g

事前准备
黄油回温至室温。

要点

加入巧克力碎的时机

为使松脆口感得以保留，一定注意不要将面团过度搅拌。混合至还有一点干粉的时候加入巧克力碎最佳。

制作方法

1 粉类过筛

将低筋面粉、泡打粉放入保鲜袋中，筛粉方法请参考P6"粉类的过筛方法"。

2 面团的制作与冷藏

如图所示

①将黄油放入料理盆中，用硅胶刮刀搅拌，使其变软。加入绵白糖，充分搅拌使其与黄油融合，继续搅拌至颜色发白。

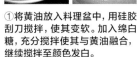

②分3次加入蛋液，每次都要充分混合。

③加入筛好的粉进行翻拌。注意不要让面团上劲儿。

④搅拌至还有一点干粉的时候加入巧克力碎，混合好后将面团规整成一团。

3 造型

①将面团擀成直径为5cm的圆柱体。

②用手揪成大小均等的4份，再把每份对半分，最终分成8份。

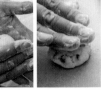

③取一份在手心滚圆，放至铺好烘焙纸的烤盘上。以同样的方法处理好剩下7个面团后，将所有面团用手指压平。

4 放入烤箱烤制

事先将烤箱预热至170℃，烤制13分钟。

松脆口感

无法抗拒
坚果的美味！！

Macadamia Nut Cookie

夏威夷果曲奇

一口下去，让夏威夷果的香气在唇齿间扩散。

原料　16个量

[粉类]

低筋面粉	80g
杏仁粉	20g
泡打粉	2g

[其他]

黄油	50g
绵白糖	50g
蛋液	15g
夏威夷果	50g

事前准备

黄油
黄油回温至室温。

夏威夷果
将夏威夷果放入保鲜袋中，外面再用毛巾包裹好，用擀面杖轻轻敲成小块。

制作方法

1 粉类过筛

将低筋面粉、杏仁粉与泡打粉放入保鲜袋中，筛粉方法请参考P6"粉类的过筛方法"。

2 制作面团

如图所示

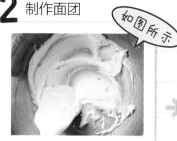

①将回温好的黄油放入料理盆中，用硅胶刮刀搅拌，使其变软。加入绵白糖，充分搅拌使其与黄油融合，搅拌至颜色发白即可。

②分3次加入蛋液，每次都要充分混合。

③加入筛好的粉与夏威夷果。

④用硅胶刮刀搅拌。注意翻拌手法，不要过度搅拌。
⑤搅拌至无干粉的状态，将面团规整成一团。

要点

面团完成时表面的样子

混合原料时，即使最后面团表面不平整也没有关系。为了保留松脆口感，千万注意不能过度搅拌。

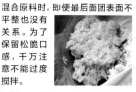

3 造型

①将面团擀成直径为5cm的圆柱体。
②用手揪成大小均等的4份，把每份对半分，分成8份，然后再次对半分，最后分成16个面团。

③取一份在手心滚圆，放至铺好烘焙纸的烤盘上。以同样的方法处理好剩下的15个面团。

4 放入烤箱烤制

事先将烤箱预热至170℃，烤制13分钟。

迷迭香曲奇

品迷迭香气，享受下午茶放松时光。♪

原料 20个量	
[粉类]	
低筋面粉	100g
泡打粉	1g
[其他]	
黄油	40g
绵白糖	40g
蛋液	15g
迷迭香（干燥）	2g

※如果是新鲜的迷迭香则需要3g。

事前准备

黄油
黄油回温至室温。

迷迭香
迷迭香用刀粗略切碎。

制作方法

1 粉类过筛与面团制作

①将低筋面粉与泡打粉放入保鲜袋中，筛粉方法请参考P6"粉类的过筛方法"。将回温好的黄油放入盆中，用硅胶刮刀搅拌，使其变软。加入绵白糖，充分搅拌，使其与黄油融合。搅拌至颜色发白后，分3次加入蛋液，每次都要进行充分混合。

②加入筛好的粉与迷迭香，用硅胶刮刀搅拌。注意翻拌手法，不要过度搅拌。搅拌至无干粉的状态，将面团规整成一团。

2 造型

①用手将面团擀成直径2cm的长条。

3 放入烤箱烤制

②用手揪成2cm左右的剂子，放在铺好烘焙纸的烤盘上。

③用手指轻轻按压表面。

放入事先预热至170℃的烤箱，烤制11分钟。

Yogurt Cookie

酸奶曲奇

恰到好处的酸味，令人回味无穷。

原料 8个量

[粉类]

低筋面粉	100g
泡打粉	2g

[其他]

酸奶	30g
蛋液	20g
绵白糖	30g
菜籽油	10g

 要点

面团的切分方法

因为是烘焙后再把饼干分割成小块，所以造型时要用切面刮板切到底。

制作方法

1 粉类过筛

将低筋面粉和泡打粉放入保鲜袋中，筛粉方法请参考P6"粉类的过筛方法"。

2 制作面团

①在料理盆中加入酸奶、蛋液、绵白糖、菜籽油，用硅胶刮刀搅拌。搅拌至顺滑后，加入筛好的粉。

②用硅胶刮刀混合，注意手法，不要过度搅拌。混合至无干粉状态，将面团规整到一起。

如图所示

3 造型

①面团转移到铺有烘焙纸的烤盘上。用手取些低筋面粉（不计入原料表）轻轻撒上，将面团扩展成一个直径14cm的圆形。

②用切面刮板切成十字，将面团分为4份，然后再对半分成8份。用叉子在表面适当地戳出小孔。

4 放入烤箱烤制

放入提前预热至170℃的烤箱中，烤制17分钟。

Sour Cream Biscuit

酸奶油小甜饼

轻盈爽口的口感，
配上你爱的果酱尽情享用吧。

原料　8个量

[粉类]

低筋面粉	100g
泡打粉	2g

[其他]

酸奶油	100g
绵白糖	30g

原料

酸奶油

风味独特的酸奶油是在鲜奶油的基础上加入乳酸菌发酵而成的。在制作面团时，不必提前从冰箱拿出回温。

制作方法

1 粉类过筛

将低筋面粉和泡打粉放入保鲜袋中，筛粉方法请参考P6"粉类的过筛方法"。

2 制作面团　如图所示

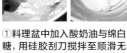

①料理盆中加入酸奶油与绵白糖，用硅胶刮刀搅拌至顺滑无颗粒。

②加入筛好的粉，用硅胶刮刀混合，注意不要过度搅拌。混合至无干粉状态，将面团规整到一起。

3 造型

①用手将面团擀成直径4cm的长条。

②用手将面团等分成4份，再将每份对半分，最后得到8个大小均等的面团。取一份揉圆，放在铺好烘焙纸的烤盘上。同样地，处理好另外7份。

4 放入烤箱烤制

放入提前预热至170℃的烤箱中，烤制15分钟。

Rum Raisin Cookie

朗姆葡萄干曲奇

亲手制作的朗姆葡萄干香味无可阻挡！是一款具有浓烈香气的曲奇。

原料　8个量

[粉类]

低筋面粉	80g
杏仁粉	20g
泡打粉	1g

[其他]

黄油	40g
绵白糖	30g
蛋液	30g
朗姆葡萄干	全部

※使用事前准备中制作的朗姆葡萄干（撇去朗姆酒）。

事前准备

黄油
黄油回温至室温。

朗姆葡萄干的制作方法

①将50g葡萄干过热水后，倒入朗姆酒，使朗姆酒刚刚没过葡萄干即可。

②放置一夜，用筛子将酒撇去。

制作方法

1 粉类过筛

将低筋面粉、杏仁粉与泡打粉放入保鲜袋中，筛粉方法请参考P6"粉类的过筛方法"。

2 制作面团

①将回温好的黄油放入料理盆中，用硅胶刮刀搅拌，使其变软。加入绵白糖继续搅拌，使其与黄油融合。换打蛋器，分3次加入蛋液，每次都要进行充分混合。

②加入筛好的粉，用硅胶刮刀搅拌。注意翻拌手法，不要过度搅拌。

如图所示

③搅拌至还剩一点干粉的状态，加入朗姆葡萄干搅拌均匀，然后将面团规整成一团。

3 造型

①用手擀成直径4cm的圆柱体。

要点

面团粘手怎么办

面团粘手难以成型时，可以试着用烘焙垫将面团包裹起来进行造型。与直接用手相比，烘焙垫不易粘黏。

②用手将面团揪成4个剂子，再将每个对半分，最终分成8个小面团。

③把面团码放在铺了烘焙纸的烤盘上。

4 放入烤箱烤制

事先将烤箱预热至170℃，烤制15分钟。

切&挤

P26 ~ P40

本节将讲解如何把面团切分、压制成型。在切分之前需将面团冷藏，使其变硬，之后再用擀面杖擀开或揉圆。

Coconut Biscuit

椰香饼干

口感酥脆椰香四溢，从吃第一口就让你停不下来！！

原料　16个量

[粉类]

低筋面粉	50g

事前准备

黄油回温至室温。

[其他]

黄油	35g
白砂糖	35g
椰子粉	30g

要点

转移至烤盘的方法

因为面团非常软容易断，所以一定要用切面刮板铲起转移到烤盘上。如果不慎将面团弄断就需要用手轻轻地将其修复。

制作方法

1 粉类过筛

将低筋面粉放入保鲜袋中，筛粉方法请参考P6"粉类的过筛方法"。

2 制作面团

如图所示

①将回温好的黄油放入料理盆中，用硅胶刮刀搅拌，使其变软。加入白砂糖，继续搅拌至整体发白。

②分3次加入蛋液，每次都要进行充分混合。

③加入筛好的粉类用硅胶刮刀搅拌。注意翻拌手法，不要过度搅拌。

④搅拌至无干粉状态，用硅胶刮刀边向下压边将面团规整到一起。将面团装入保鲜袋中，窝起袋口。一边调整袋子的大小，一边用擀面杖将面团擀成厚5mm的长方形。

3 将面团冷藏

把擀好的面片连同保鲜袋一起放在扁平的铁盘上，放入冰箱冷藏室冷藏30分钟。

4 造型

①用剪子剪开保鲜袋并剥去。横纵各切上4刀，切成16小块。

②用刮板铲起，移至铺好烘焙纸的烤盘上。

5 放入烤箱烤制

事先将烤箱预热至170℃，烤制12分钟。

朴素小饼干

Graham Cookie

全麦饼干

麦香满载，营养满分！！

原料 8个量

[粉类]

全麦粉（烘焙用·精磨）	100g
泡打粉	1g

[其他]

黄油	40g
黄砂糖	40g
蛋液	10g

事前准备

黄油
黄油回温至
室温。

要点

剩面团

我们把面团在造型时剩下的边角料称为"二次面团"，质地会稍有些变硬。家庭烘焙可将剩面团集合起来，再次造型并进行烤制。

1 粉类过筛

将全麦粉和泡打粉放入保鲜袋中，筛粉方法请参考P6"粉类的过筛方法"。

2 制作面团

如图所示

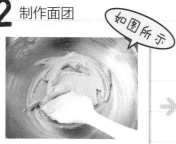

①将回温好的黄油放入料理盆中，用硅胶刮刀搅拌，使其变软。加入黄砂糖，继续搅拌至整体发白。

②分3次加入蛋液，每次都要进行充分混合。

③加入筛好的低筋面粉用硅胶刮刀搅拌。

④混合至顺滑，注意手法，不要过度搅拌。

3 将面团冷藏

面团揉圆后放入保鲜袋，置于冰箱冷藏室冷藏30分钟。

4 造型

①用擀面杖将面团擀成5mm厚的正方形。

②切去四边多余的面。

③中间横着切上一刀，再纵向切三刀，把面片分为8块。

④用叉子在每块面片上叉5下。然后用刮板铲起，码放至铺有烘焙纸的烤盘上。

⑤将步骤②中切下的边角料规整到一起，擀成直径3cm的圆柱。再用刮板四等分，放到烤盘的空余位置上。

5 放入烤箱烤制

事先将烤箱预热至170℃，烤制13分钟。

Condensed Milk Cookie

炼乳饼干

熟悉的造型、似曾相识的味道，让人心头一暖。

原料 16个量

[粉类]

低筋面粉	60g

[其他]

黄油	50g
炼乳	60g
蛋液	30g

事前准备

黄油回温至室温。

要点

裱花袋

在稍大一点的杯子上套好裱花袋，再将面糊倒入。若没有裱花袋，可用保鲜袋代替。

制作方法

1 粉类过筛

将低筋面粉放入保鲜袋中，筛粉方法请参考P6"粉类的过筛方法"。

2 制作面团

①将回温好的黄油放入料理盆中，用硅胶刮刀搅拌，使其变软。加入炼乳，继续搅拌至黄油整体发白。

②分3次加入蛋液，每次都要进行充分混合。

③加入筛好的低筋面粉用硅胶刮刀搅拌。

如图所示

④混合至顺滑，注意手法，不要过度搅拌。

3 造型

①将面糊倒入裱花袋中。

②把裱花袋剪开小口，在铺了烘焙纸的烤盘上挤出一元硬币大小的面糊。

4 放入烤箱烤制

事先将烤箱预热至170℃，烤制15分钟。

中间厚边缘薄的缘故，四周可以烤出漂亮的微焦色。♪

切&挤

Cracker

原味咸饼干

放上芝士或各种酱料鱼糜，一道洋气的冷盘就这样完成了！！

原料 16个量

[粉类]

低筋面粉	100g
盐	1g
绵白糖	2g

[其他]

黄油	30g
干酵母	2g
水	35g

事前准备

黄油
将黄油切成1cm见方的块，放入冰箱保存。要使用时再从冰箱中拿出。

酵母水的制作
干酵母加水制成。
※此时先不要搅拌。

要点

用叉子戳出小孔

在饼干的面团上戳出小孔是为了防止饼干膨胀。在戳孔前可先蘸取一些低筋面粉在叉子前端，这样可以避免面团粘连。

1 粉类过筛与面团制作

①将低筋面粉、盐、绵白糖放入保鲜袋中，筛粉方法请参考P6"粉类的过筛方法"。筛好后将面粉倒入盆中，加入黄油。

如图所示

②用手将黄油抓碎与面粉混合。混合好的面粉成松散状。

③用手指搅拌酵母水，使酵母完全化开。

④将酵母水倒入盆中，用手抓匀，使面团结块呈松散状。

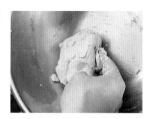

⑤用手将面团揉成一团。

2 将面团冷藏

面团多揉几次至表面平整。放入保鲜袋，放入冰箱冷藏30分钟。

3 造型

①用擀面杖将面团擀成厚5mm的正方形。

②切去四边多余的面，使之成为规整的长方形。横纵方向各进行四等分，共切成16块。

③用叉子在每块上叉五下。

④刮板铲起，码放至铺有烘焙纸的烤盘上。

4 放入烤箱烤制

事先将烤箱预热至170℃，烤制15分钟。

切下边的角料不要浪费，再次擀薄切块，放入烤箱烤制吧♪

姜饼人

香脆的生姜风味饼干，一个一个地进行装饰也是乐趣无穷。♪

原料 8个量

[粉类]	
低筋面粉	100g
泡打粉	1g

[其他]	
黄油	40g
绵白糖	35g
生姜（管装）	10g
蛋液	15g

事前准备

黄油回温至室温。

要点

压制出完美形状

使用模具时若出现粘连等问题，可在模具表面沾上一层低筋面粉，这样就可以轻松将面皮从模具中取出。如果这样还不能解决，就需要再次将面团放入冰箱冷藏使其变硬。

制作方法

1 粉类过筛

将低筋面粉和泡打粉放入保鲜袋中，筛粉方法请参考P6"粉类的过筛方法"。

③加入筛好的粉用硅胶刮刀搅拌。注意手法，不要过度搅拌。

2 制作面团 如图所示

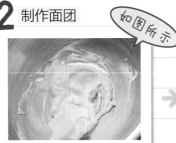

①将回温好的黄油放入盆中，用硅胶刮刀搅拌，使其变软。加入绵白糖与生姜，继续搅拌至整体发白。

②分3次加入蛋液，每次都要进行充分混合。

④搅拌至无干粉，用硅胶刮刀边压边整成一团。

3 将面团冷藏

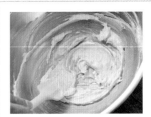

面团放入保鲜袋，于冰箱冷藏室冷藏30分钟。

4 造型

①用擀面杖将面擀成厚5mm的长方形。用模具压出喜欢的形状，码放至铺有烘焙纸的烤盘上。

②将切下的边角料规整到一起，再次擀平，压制成型。将剩余的面团用手搓成直径3cm的圆柱。再用刮板四等分，放到烤盘的空余位置上。

5 放入烤箱烤制

事先将烤箱预热至170℃，烤制12分钟。出炉后，待余温散去就可以根据喜好进行装饰了。

※制作装饰姜饼人的糖霜需要准备糖粉与适量的水。水要一点一点加，起调节硬度的作用。

用糖霜装饰过后
可爱度上升

Butter Cookie

黄油曲奇

朴素的外表，满满手工气息，是妈妈的味道。

能勾起人
回忆的味道

原料　12个量

[粉类]

低筋面粉	90g
泡打粉	1g

[其他]

黄油	60g
绵白糖	35g

[装饰材料]

白砂糖	适量

事前准备

黄油回温至
室温。

1 粉类过筛

将低筋面粉和泡打粉放入保鲜袋中，筛粉方法请参考P6"粉类的过筛方法"。

2 制作面团 如图所示

①将回温好的黄油放入盆中，用硅胶刮刀搅拌，使其变软。加入绵白糖，继续搅拌至整体发白。

②加入筛好的低筋面粉用硅胶刮刀搅拌。注意手法，不要过度搅拌。

③拌至无干粉，用硅胶刮刀边压边整成团。

3 造型

①将面团用保鲜膜包好。

②用手揉成直径4cm的圆柱体。

③打开保鲜膜，将面团重新包裹好。

要点

使用同一保鲜膜重新包裹

为使面团表面光滑平整，需要把面团重新包裹。注意在包裹时将保鲜膜抻平，不让其起皱。

4 将面团冷藏

将两端的保鲜膜拧紧，放入冰箱冷藏室冷藏30分钟。

5 装饰与烤制

①冷藏好的面团剥去保鲜膜，表面均匀裹满白砂糖。

②切成约1cm厚的圆片，码放在铺了烘焙纸的烤盘上。

③事先将烤箱预热至170℃，烤制15分钟。

巧克力姜饼曲奇

香甜巧克力与生姜的组合带给你意想不到的美味体验。

原料　12个量

[粉类]

低筋面粉	85g
可可粉	15g
泡打粉	1g

[其他]

黄油	80g
绵白糖	30g
生姜（管装）	5g

[装饰材料]

白砂糖	适量

事前准备

黄油回温至室温。

制作方法

1 粉类过筛

将低筋面粉、可可粉和泡打粉放入保鲜袋中，筛粉方法请参考P6"粉类的过筛方法"。

2 制作面团

如图所示

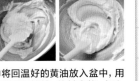

①将回温好的黄油放入盆中，用硅胶刮刀搅拌，使其变软。加入绵白糖，继续搅拌至整体发白。

②加入筛好的低筋面粉，用硅胶刮刀搅拌。注意手法，不要过度搅拌。
③拌至无干粉，用硅胶刮刀边压边整成团，放在保鲜膜上。

3 面团造型与冷藏

将面团用保鲜膜包好，用手揉成直径4cm的柱体。打开保鲜膜，将面团重新包裹好后，放入冰箱冷藏室冷藏30分钟。

4 装饰与烤制

①将冷藏好的面团剥去保鲜膜，表面均匀裹满白砂糖。切成约1cm厚的圆片，码放在铺了烘焙纸的烤盘上。

②事先将烤箱预热至170℃，烤制15分钟。

Green Tea Butter Cookie

抹茶黄油曲奇

令人惊叹的浓郁抹茶香!
和风曲奇。

原料　12个量

[粉类]	
低筋面粉	85g
抹茶	5g
泡打粉	1g

[其他]	
黄油	60g
绵白糖	35g

[装饰材料]	
白砂糖	适量

事前准备

黄油回温至室温。

制作方法

1 粉类过筛

将低筋面粉、抹茶粉和泡打粉放入保鲜袋中,筛粉方法请参考P6"粉类的过筛方法"。

2 制作面团

如图所示

①将回温好的黄油放入盆中,用硅胶刮刀搅拌,使其变软。加入绵白糖,继续搅拌至整体发白。

②加入筛好的低筋面粉,用硅胶刮刀搅拌,注意手法,拌至无干粉即可。用硅胶刮刀边压边整成团,放在保鲜膜上。

3 面团造型与冷藏

将面团用保鲜膜包好,用手揉成直径4cm的圆柱体。打开保鲜膜,将面团重新包裹好后,放进冰箱冷藏室冷藏30分钟。

4 装饰与烤制

①将冷藏好的面团剥去保鲜膜,表面均匀裹满白砂糖。切成约1cm厚的圆片,码放在铺了烘焙纸的烤盘上。

②事先将烤箱预热至170℃,烤制15分钟。

Butter Chocolate Cookie

巧克力
黄油曲奇

微苦巧克力，成熟的味道。

原料 12个量

[粉类]

低筋面粉	80g
可可粉	15g
泡打粉	1g

[其他]

黄油	60g
绵白糖	35g

[装饰材料]

白砂糖	适量

事前准备

黄油回温至室温。

制作方法

1 粉类过筛与面团制作

①将低筋面粉、可可粉和泡打粉放入保鲜袋中，筛粉方法请参考P6"粉类的过筛方法"。将回温好的黄油放入盆中，用硅胶刮刀搅拌，使其变软。加入绵白糖，继续搅拌至整体发白。

如图所示

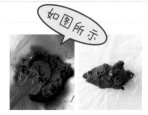

②加入筛好的低筋面粉用硅胶刮刀搅拌。注意手法，拌至无干粉即可，用硅胶刮刀边压边整成一团，放在保鲜膜上。

2 面团造型并放入冰箱冷藏

将面团用保鲜膜包好，用手揉成直径4cm的圆柱体。打开保鲜膜，将面团重新包裹好后，放进冰箱冷藏室冷藏30分钟。

3 装饰与烤制

①把冷藏好的面团剥去保鲜膜，表面均匀裹满白砂糖。切成约1cm厚的圆片，码放在铺了烘焙纸的烤盘上。
②事先将烤箱预热至170℃，烤制15分钟。

司康 & 马芬等

　　本章将介绍一些吃一个就能有饱腹感的甜点
——司康与马芬。除此之外，还会介绍几个能安抚
你的胃的小点心哦。

Part 2

司康

P42 ~ P48

司康既可以作为甜点与果酱同食，还可以当做主食佐以调味酱，是一款吃法多样的烘焙点心。最基础的原味司康可以搭配各种调味材料。面团的制作也是意想不到的简单。

Yeast Scone

酵母版司康

一款可以自由搭配食用的全能司康。

原料 8个量

[粉类]

低筋面粉	200g
绵白糖	40g

[其他]

黄油	60g
蛋液	20g
牛奶	20g
干酵母	2g
水	20g

事前准备

黄油
将黄油切成1cm见方的小块，放入冰箱冷藏室，要用的时候再拿出来。

蛋液
将蛋液与牛奶混合。

酵母水的制作
将干酵母加入水中，用手指混合直到完全溶解。

1 粉类过筛与面团制作

①将低筋面粉与绵白糖放入保鲜袋中，筛粉方法请参考P6"粉类的过筛方法"。筛好后将面粉倒入盆中，加入黄油。

②用手将黄油抓碎与面粉混合，使其呈蓬松状态。

要点

快速混合

制作司康时，将面团快速混合是关键。手一直接触黄油的话，体温会使黄油融化。如果面团开始粘手，就不要再用手了，可以用切面刮板一边对黄油进行切割一边混合。

如图所示

③当面团呈黄色松散状时，用手将其搓碎。

④将蛋液和酵母水倒入盆中，用手抓匀。

2 将面团冷藏

用手将面团揉成团后放入料理盆中，盖好保鲜膜，置于冰箱冷藏室冷藏20分钟。

---

3 造型

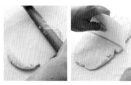

①取些低筋面粉作薄粉（不计入原料表）散在面团上，用擀面杖擀成1cm厚的面片，再用切面刮板一分为二。

②将两片面叠在一起，用手压一压。

③使用刮板将面团整成长9cm、宽13cm、厚1.5cm的长方形。

---

④切去两端，使面团呈规整的长方形。用切面刮板八等分，在铺好烘焙纸的烤盘上码好。

⑤将切下的面团用手整成方形，用刮板一分为二，放在烤盘的间隙。然后在室温中静置15分钟，使其发酵。

4 装饰与烤制

面团表面刷上牛奶（不计入原料表），放入预热至170℃的烤箱中，烤制15分钟。

Tea Scone
红茶司康
伯爵红茶的香气令人食指大动。

原料 8个量

[粉类]

低筋面粉	200g
茶包内的红茶 （伯爵红茶）	3g
泡打粉	3g
绵白糖	30g

[其他]

黄油	60g
蛋奶液（1个鸡蛋+牛奶）	100g

事前准备

黄油
将黄油切成1cm见方的小块，放入冰箱冷藏室，要用的时候再拿出来。

蛋奶液
将容器置于电子秤上，按归零键。打入一个鸡蛋，再加入牛奶，使数值变为100g后搅拌均匀。

制作方法

1 粉类过筛与面团制作

①将低筋面粉、红茶、泡打粉、绵白糖放入保鲜袋中，筛粉方法请参考P6"粉类的过筛方法"。筛好后倒入盆中，加入黄油。用手把黄油抓碎与面粉混合，使其呈蓬松状态。

②当面团呈黄色松散状时，用手将其搓碎。加入蛋奶液，用硅胶刮刀混合至无干粉后，用手将面揉成团。

2 造型

①用手把面延展成长17cm、宽13cm的长方形，然后把面团从中间对折。再将此步骤重复2次，共折叠三次。

②用手把面延展成长14cm、宽11cm的长方形，切去四边多余的部分，用擀面杖擀成长12cm、宽9cm的长方形。将其八等分后，放在铺有烘焙纸的烤盘上。

③切下的面团用手整成方形，用刮板一分为二，放在烤盘的间隙。

3 装饰与烤制

在面团表面刷上牛奶（不计入原料表），放入预热至170℃的烤箱中，烤制15分钟。

Triangle Scone

三角司康

是一款外表发白的三角形司康。

原料　6个量

[粉类]

低筋面粉	200g
泡打粉	3g
绵白糖	20g

[其他]

黄油	60g
蛋奶液（1个鸡蛋+牛奶）	100g

事前准备

黄油
将黄油切成1cm见方的小块，放入冰箱冷藏室，要用的时候再拿出来。

蛋奶液
将容器置于电子秤上，按归零键。打入一个鸡蛋，再加入牛奶，使数值变为100g后搅拌均匀。

制作方法

1 粉类过筛与面团制作

①将低筋面粉、泡打粉、绵白糖放入保鲜袋中，筛粉方法请参考P6"粉类的过筛方法"。筛好后将面粉倒入盆中，加入黄油。用手将黄油抓碎与面粉混合，使其呈蓬松状态。

②当面团呈黄色松散状时，用手将其搓碎。加入蛋奶液，用硅胶刮刀混合至无干粉后，用手将面揉成团。

2 造型

①用手把面延展成长17cm、宽13cm的长方形，然后把面团从中间对折。再将此步骤重复2次，共折叠三次。

②使用切面刮板切去四边多余的部分，使之成为长12cm、宽10cm的长方形后，对其进行三等分。

③取其中一份，沿对角线切一刀，将其余两份做相同处理，最终切成6份。码放在铺了烘焙纸的烤盘上。

3 放入烤箱烤制

放入预热至170℃的烤箱中，烤制15分钟。

绵软口感在口中
绽放开来

Spoon Drop Scone

勺舀司康

因为是勺子舀出来的，所以形态各异，圆滚滚的非常可爱。

原 料　8个量

[粉类]

低筋面粉	200g
泡打粉	2g

[其他]

黄油	50g
蛋奶液（1个鸡蛋+牛奶）	130g

制作方法

1 粉类过筛

将低筋面粉与泡打粉放入保鲜袋中，筛粉方法请参考P6 "粉类的过筛方法"。

2 制作面团

①筛好后将面粉倒入盆中，加入黄油。用手将黄油抓碎与面粉混合，使其呈蓬松状态。

如图所示

②当面团呈黄色松散状时，用手将其搓碎。

③加入蛋奶液。

④用硅胶刮刀混合至无干粉后，用手揉成一团。

如图所示

⑤将面团规整到一起。

3 造型

①先将面团八等分，然后使用两把勺子把面团舀到铺了烘焙纸的烤盘上。

②用勺子把面团整成圆形。

4 放入烤箱烤制

放入预热至170℃的烤箱中，烤制16分钟。

Yogurt Sesame Scone

酸奶芝麻司康

阵阵酸奶与芝麻香气，
与橘子酱和蓝莓酱特别配！！

原料 8个量

[粉类]

低筋面粉	200g
白芝麻	5g
泡打粉	3g
绵白糖	15g

[其他]

黄油	50g
酸奶	50g
牛奶	50g

事前准备

黄油
将黄油切成1cm见方的小块，放入
冰箱冷藏室，要用的时候再拿出来。

酸奶液
牛奶与酸奶混合。

制作方法

1 粉类过筛与面团制作

如图所示

①将低筋面粉、白芝麻、泡打粉
和绵白糖放入保鲜袋中，筛粉方
法请参考P6"粉类的过筛方
法"。筛好后将面粉倒入盆中，加
入黄油。用手将黄油抓碎与面粉
混合，使其呈蓬松状态。

②用手将其搓碎，使面团呈黄色
松散状。

③加入酸奶液，用硅胶刮刀混合
至无干粉后，规整成一团。

2 造型

①用手把面团延展成长17cm、宽
13cm的长方形，然后把面团从
中间对折。将此步骤重复2次，共
折叠三次。

②将面片卷起，揉成直径为4cm
的圆柱体。使用切面刮板对其进
行八等分，码放于铺了烘焙纸的
烤盘上。

3 装饰与烤制

在面团表面刷上一些酸奶（不计
入原料表），放入预热至170℃
的烤箱中，烤制15分钟。

向荻山老师
问问看吧

司康·马芬

一些关于司康与马芬制作上的
小疑问,向荻山老师在此作了
解释。

Q&A

Q1

黄油质地黏腻,
无法成功制作司康面团。

A: 黄油未经冷却时,在制作过程中手的体温很容易将黄油融化。那么就试着用刮板将黄油与面粉混合吧。将面团暂时放入冰箱冷却再进行揉搓也不失为一个好方法。黄油若是完全揉捏融化于面团中就不是能做司康的面团了。很遗憾,需要重头再来。

Q2

不明白制作司康面团时
黄油与面粉的混合手法

A: 专业术语称为砂状揉搓法(sablage)。一开始先用手将黄油一边搓碎一边与粉类混合,直到黄油无明显结块,用两只手扬起面粉使其均匀散落到盆中。重复此步骤直至面粉呈黄色帕尔玛干酪的松散状态即可。手如果长时间接触面团黄油会完全融化,所以不要用手长时间接触面团,掌握好混合的节奏。不要把这一步想得太难,边想象着将黄油四周包裹上面粉的样子边进行挑战吧。

①用手指抓碎黄油。

②将黄油与所有面粉均匀混合。

③双手舀起其面粉。

④扬起面粉使其自然散落。

Q3

制作司康面团时
可以使用食品搅拌机吗?

A: 用食品搅拌机来帮忙制作司康面团是可行的。只需将全部粉类倒入搅拌机的容器中,再按下按钮即可。使用食品搅拌机的话,搓粉过程将变得极其简单。但也要注意不要长时间地进行搅拌,否则黄油容易融化。

Q4

制作马芬面糊时黄油与蛋液发生分
离,这种情况应该继续进行烤制吗?

A: 即使发生了分离,烘焙后仍可享受美味。马芬面糊本是很难出现分离的情况的。考虑到可能是蛋液过冷,导致黄油无法软化而造成分离。所以可待所有材料恢复到常温再制作面糊。

Q5

想请教一下马芬杯的大小。

A: 根据喜好选择马芬杯即可。本书中也使用了多种大小的马芬杯,都是容积为130~150cc的马芬杯。

Blueberry Yogurt Muffin

蓝莓酸奶马芬

选用粒粒饱满的大颗蓝莓最佳。

原料 5个量

[粉类]

低筋面粉	100g
泡打粉	3g

[其他]

黄油	40g
绵白糖	50g
蛋液	40g
酸奶	70g
蓝莓(冷冻)	30g

事前准备

黄油
将黄油用微波炉加热，使其融化。

蓝莓
将蓝莓置于室温环境解冻。

制作方法

1 粉类过筛

将低筋面粉和泡打粉放入保鲜袋中，筛粉方法请参考P6"粉类的过筛方法"。

2 面团制作

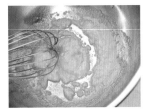

①将融化的黄油放入盆中，加入绵白糖，用打蛋器搅拌均匀。

②分4次加入蛋液，每次都要进行充分混合。

如图所示

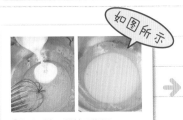

③加入酸奶，搅拌至顺滑。

④改用硅胶刮刀，加入筛好的粉类，搅拌至无干粉的状态。

如图所示

⑤加入蓝莓，轻轻搅拌使其呈现出美丽的大理石花纹。

3 装入马芬杯纸模中

①在烤盘中摆好五个马芬杯，使用勺子在每个纸模中舀入均等的面糊。

②拿起烤盘，轻轻在桌面上磕几次，使面糊的表面平整。

4 放入烤箱烤制

放入事先预热至170℃的烤箱，烤制15分钟。

马芬

P50 ~P61

马芬可以说是制作简单的甜品之代表。作为礼品送人也深受喜爱。马芬杯纸杯模具种类繁多，精心选择，不失为一个出彩点。将面糊均等地倒入杯中进行烤制吧。

即使放凉食用
也是无比美味

新鲜奇异果带来
清爽的感觉

Kiwifruit Muffin

奇异果马芬

奇异果的酸味是本品的妙处所在。

原料 5个量

[粉类]

低筋面粉	100g
泡打粉	3g

[其他]

黄油	70g
绵白糖	50g
蛋液	50g
蜂蜜	50g
奇异果	1个
牛奶	20g左右

事前准备

黄油
黄油回温至室温。

奇异果
剥去奇异果外皮，切成1cm的小块。

制作方法

1 粉类过筛与面团制作

①将低筋面粉和泡打粉放入保鲜袋中，筛粉方法请参考P6"粉类的过筛方法"。将软化的黄油放入盆中，用硅胶刮刀将其搅拌至柔软。

②加入绵白糖，继续搅拌至绵白糖与黄油完全融合。然后换打蛋器进行搅打，打到黄油发白。

③分4次加入蛋液，每次都要进行充分混合。

④加入筛好的粉类进行搅拌。注意翻拌手法，切勿过度搅拌。

如图所示

⑤在盆中还有一点干粉的时候加入蜂蜜与奇异果。先倒入20g牛奶搅拌至顺滑。如果面团还是很硬，可再适量添加一些牛奶。

要点

牛奶的量

为使面糊更易于倒入马芬杯中，需要用牛奶来调整面团的硬度。如果加了20g牛奶，面糊还是过硬的话，再用小勺一勺一勺地添加。

2 装入马芬杯纸模中

在烤盘中摆好五个马芬杯，使用勺子在每个纸模中舀入均等的面糊。双手拿起烤盘，轻轻在桌面上磕几次，使面糊的表面平整。

3 放入烤箱烤制

放入事先预热至170℃的烤箱，烤制20分钟。

大颗奇异果粒，美味看得见。♪

Chocolate Banana Muffin

巧克力香蕉马芬

巧克力与香蕉的完美组合，创造出经典美味。

原料	5个量

[粉类]

低筋面粉	100g
可可粉	5g
泡打粉	3g

[其他]

黄油	80g
绵白糖	80g
蛋液	80g
巧克力碎	30g
牛奶	35g左右
香蕉	一根

事前准备

黄油回温至室温。

制作方法

1 粉类过筛和面团制作

①将低筋面粉、可可粉和泡打粉放入保鲜袋中，筛粉方法请参考P6"粉类的过筛方法"。将软化的黄油放入盆中，用硅胶刮刀将其搅拌至柔软。

②加入绵白糖，继续搅拌至绵白糖与黄油完全融合。然后换打蛋器进行搅打，打到黄油发白。

③分4次加入蛋液，每次都要进行充分混合。

如图所示

④加入筛好的粉类进行搅拌。在盆中还有一点干粉的时候加入巧克力碎与牛奶，搅拌至顺滑。

※如果加入了35g牛奶后面团还是很硬，需再酌量添加一些牛奶进行调整。

2 装入马芬杯纸模中

在烤盘中摆好五个马芬杯，使用勺子在每个纸模中舀入均等的面糊。把香蕉切成五段，插到马芬杯的正中间。双手拿起烤盘，轻轻在桌面上磕几次，使面糊的表面平整。

3 放入烤箱烤制

放入事先预热至170℃的烤箱，烤制20分钟。

香橙马芬

新鲜橙子的香气令人神清气爽。

原料　5个量

[粉类]

低筋面粉	100g
泡打粉	3g

[其他]

黄油	80g
绵白糖	70g
蛋液	60g
柑橘果酱	50g
橙子	1/2个
牛奶	20g左右

事前准备

黄油
黄油回温至室温。

橙子
橙子去皮，取果肉对半切。

制作方法

1 粉类过筛和面团制作

①将低筋面粉和泡打粉放入保鲜袋中，筛粉方法请参考P6"粉类的过筛方法"。将软化的黄油放入盆中，用硅胶刮刀将其搅拌至柔顺。

②加入绵白糖，继续搅拌至绵白糖与黄油完全融合。换打蛋器搅打，直到黄油发白。

③分4次加入蛋液，每次都要进行充分混合。

如图所示

④加入筛好的粉类进行搅拌。注意翻拌手法，切勿过度搅拌。在盆中还有一点干粉的时候加入果酱、橙子与牛奶搅拌至顺滑。

※如果加入了35g牛奶后面团还是很硬，需再酌量添加一些牛奶进行调整。

2 装入马芬杯纸模中

在烤盘中摆好五个马芬杯，使用勺子在每个纸模中舀入均等的面糊。双手拿起烤盘，轻轻在桌面上磕几次，使面糊的表面平整。

3 放入烤箱烤制

放入事先预热至170℃的烤箱，烤制20分钟。

Cream Cheese Cinnamon Muffin

奶油奶酪肉桂马芬

肉桂的独特香气与蛋糕
形成绝妙的平衡。

原料 5个量

[粉类]

低筋面粉	100g
肉桂粉	2小撮
泡打粉	3g

[其他]

奶油奶酪	80g
黄油	50g
绵白糖	90g
蛋液	50g
牛奶	20g左右

事前准备

黄油
黄油回温至室温。

奶油奶酪
奶油奶酪回温至室温。

制作方法

1 粉类过筛和面团制作

①将低筋面粉、肉桂粉和泡打粉放入保鲜袋中，筛粉方法请参考P6"粉类的过筛方法"。将软化的奶油奶酪放入盆中，用硅胶刮刀将其搅拌至柔顺。

②加入绵白糖和黄油，继续搅拌至材料完全融合。然后换打蛋器进行搅打，至颜色发白。

③分四次加入蛋液，每次都要进行充分混合。

④加入筛好的粉类进行搅拌。在盆中还有一点干粉的时候倒入牛奶搅拌至顺滑。

※如果加入了35g牛奶后面团还是很硬，需再酌量添加一些牛奶进行调整。

2 装入马芬杯纸模中

在烤盘中摆好五个马芬杯，使用勺子在每个纸模中舀入均等的面糊。双手拿起烤盘，轻轻在桌面上磕几次，使面糊的表面平整。

3 放入烤箱烤制

放入事先预热至170℃的烤箱，烤制20分钟。

Strawberry Muffin
草莓马芬
草莓酱与新鲜草莓的
双重享受。

原料　5个量

[粉类]

低筋面粉	100g
泡打粉	2g

[其他]

黄油	80g
绵白糖	80g
蛋液	60g
草莓果酱	50g
草莓	5粒
牛奶	20g左右

事前准备

黄油
黄油回温至室温。

草莓
草莓去蒂，把每颗
进行四等分。

制作方法

1 粉类过筛和面团制作

如图所示

①将低筋面粉和泡打粉放入保
鲜袋中，筛粉方法请参考P6 "粉
类的过筛方法"。将软化的黄油
放入盆中，用硅胶刮刀将其搅拌
至柔顺。

④加入筛好的粉类进行搅拌。在
盆中还有一点干粉的时候加入草
莓果酱、草莓和牛奶，搅拌至面
糊顺滑。

※如果加入了20g牛奶后面团还是很硬，
需再酌量添加一些牛奶进行调整。

②加入绵白糖，继续搅拌至绵白
糖与黄油完全融合。然后换打蛋
器进行搅打，至颜色发白。

③分4次加入蛋液，每次都要进
行充分混合。

2 装入马芬杯纸模中

在烤盘中摆好五个马芬杯，使用
勺子在每个纸模中舀入均等的面
糊。双手拿起烤盘，轻轻在桌面
上磕几次，使面糊的表面平整。

3 放入烤箱烤制

放入事先预热至170℃的烤箱，
烤制20分钟。

马斯卡彭芝士马芬

浓醇的马斯卡彭的香气，
每个芝士爱好者都不想错过！！

原料 5个量	
[粉类]	
低筋面粉	100g
泡打粉	3g
[其他]	
马斯卡彭芝士	50g
黄油	70g
绵白糖	60g
蛋液	40g
牛奶	20g左右

事前准备

黄油回温至室温。

制作方法

1 粉类过筛和面团制作

①将低筋面粉和泡打粉放入保鲜袋中，筛粉方法请参考P6"粉类的过筛方法"。将马斯卡彭芝士放入盆中，用硅胶刮刀将其搅拌至柔顺，再加入黄油混合。

②加入绵白糖，继续搅拌至材料完全融合。然后换打蛋器进行搅打，至颜色发白。

③分4次加入蛋液，每次都要进行充分混合。加入筛好的粉类进行搅拌。在盆中还有一点干粉的时候倒入牛奶搅拌至顺滑。

※如果加入了20g牛奶后面团还是很硬，需再酌量添加一些牛奶进行调整。

2 装入马芬杯纸模中

在烤盘中摆好五个马芬杯，使用勺子在每个纸模中舀入均等的面糊。双手拿起烤盘，轻轻在桌面上磕几次，使面糊的表面平整。

3 放入烤箱烤制

放入事先预热至170℃的烤箱，烤制20分钟。

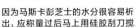

原料

马斯卡彭芝士

因为马斯卡彭芝士的水分很容易析出，应称量过后马上用硅胶刮刀搅拌至顺滑。

Honey Ginger Muffin

蜂蜜生姜马芬

生姜与蜂蜜的味道十分契合。♪

原料　5个量

[粉类]

低筋面粉	100g
泡打粉	3g

[其他]

黄油	80g
黄砂糖	30g
生姜（管装）	15g
蜂蜜	30g
蛋液	60g
牛奶	25g左右

事前准备

黄油回温至室温。

制作方法

1 粉类过筛和面团制作

①将低筋面粉和泡打粉放入保鲜袋中，筛粉方法请参考P6"粉类的过筛方法"。将软化好的黄油放入盆中，用硅胶刮刀将其搅拌至柔顺。

②加入黄砂糖、生姜、蜂蜜，继续搅拌至材料完全融合。然后换打蛋器进行搅打，至颜色发白。

③分4次加入蛋液，每次都要进行充分混合。加入筛好的粉类，用硅胶刮刀进行搅拌。在盆中还有一点干粉的时候倒入牛奶搅拌至顺滑。

※如果加入了25g牛奶后面团还是很硬，需再酌量添加一些牛奶进行调整。

2 装入马芬杯纸模中

在烤盘中摆好五个马芬杯，使用勺子在每个纸模中舀入均等的面糊。双手拿起烤盘，轻轻在桌面上磕几次，使面糊的表面平整。

3 放入烤箱烤制

放入事先预热至170℃的烤箱，烤制20分钟。

原料

生姜

本书所使用的生姜皆为市面上所销售的管装姜蓉。用整块姜磨成姜蓉的时候需注意将水分沥出，使其湿润度与管装姜蓉相当。

Green Tea Muffin

抹茶马芬

香味四溢的抹茶与黑糖，满载日式风情。

原料	5个量
[粉类]	
低筋面粉	100g
抹茶粉	4g
泡打粉	3g
[其他]	
黄油	70g
黑糖（粉）	70g
蛋液	60g
牛奶	15g左右

事前准备

黄油回温至室温。

制作方法

1 粉类过筛和面团制作

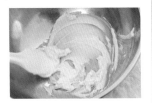

①将低筋面粉、抹茶粉和泡打粉放入保鲜袋中，筛粉方法请参考P6"粉类的过筛方法"。将黄油放入盆中，用硅胶刮刀将其搅拌至柔顺。

②加入黑糖，继续搅拌至材料完全融合。然后换打蛋器进行搅打，至颜色发白。

③分4次加入蛋液，每次都要进行充分混合。

如图所示

④加入筛好的粉类进行搅拌。在盆中还有一点干粉的时候倒入牛奶搅拌至顺滑。

※如果加入了15g牛奶后面团还是很硬，需再酌量添加一些牛奶进行调整。

2 装入马芬杯纸模中

在烤盘中摆好五个马芬杯，使用勺子在每个纸模中舀入均等的面糊。双手拿起烤盘，轻轻在桌面上磕几次，使面糊的表面平整。

3 放入烤箱烤制

放入事先预热至170℃的烤箱，烤制20分钟。

Brown Sugar & Black Sesame Muffin

黑糖黑芝麻马芬

至真甜味与黑芝麻的口感让人欲罢不能。

原料　5个量

[粉类]

低筋面粉	100g
黑芝麻	5g
泡打粉	3g

[其他]

黄油	80g
黑糖（粉）	80g
蛋液	60g
黑朗姆酒	一大勺
牛奶	20g左右

事前准备

黄油回温至室温。

制作方法

1 粉类过筛和面团制作

①将低筋面粉、黑芝麻和泡打粉放入保鲜袋中，筛粉方法请参考P6"粉类的过筛方法"。将软化好的黄油放入盆中，用硅胶刮刀将其搅拌至柔顺。

②加入黑糖，继续搅拌至完全融合。然后换打蛋器进行搅打，至颜色发白。

③分4次加入蛋液，每次都要进行充分混合。

如图所示

④加入筛好的粉类进行搅拌。在盆中还有一点干粉的时候倒入朗姆酒与牛奶搅拌至顺滑。

※如果加入了20g牛奶后面团还是很硬，需再酌量添加一些牛奶进行调整。

2 装入马芬杯纸模中

在烤盘中摆好五个马芬杯，使用勺子在每个纸模中舀入均等的面糊。双手拿起烤盘，轻轻在桌面上磕几次，使面糊的表面平整。

3 放入烤箱烤制

放入事先预热至170℃的烤箱，烤制20分钟。

其他果腹甜点

P62 ～ P69

本节起将介绍与司康和马芬风味不同的 5 款甜点。

几乎每款都能让人一眼望去大呼可爱，以至于做哪个不做哪个也成了难题。快来尝试制作多种点心，并将它们赠予最亲爱的朋友吧。♪

Chouquette
迷你泡芙

用糖粒装饰过的泡芙皮
是其可爱之处。

原料　约30个量

[粉类]

低筋面粉	35g

[其他]

黄油	25g
牛奶	40g
水	40g
白砂糖	2g
蛋液	70g

[装饰材料]

蛋液	适量
糖粒	适量

要点

面糊的挤法

当裱花袋中所剩面糊较少时，可使用刮板向下刮子使袋子使面糊聚集起来。这时，如果不能很好地一边避免空气进入一边聚集面团，挤的时候会产生气孔。但在烘烤后，气孔几乎看不到，所以大可不必在意。

制作方法

1 粉类过筛和面团制作

①将低筋面粉放入保鲜袋中，筛粉方法请参考P6"粉类的过筛方法"。锅中放入黄油、牛奶、水、白砂糖，用中火边搅拌边加热。锅边开始沸腾产生小气泡时，即可关火。

②锅离开灶台，加入筛好的面粉。

③使用硅胶刮刀搅拌至顺滑。

如图所示

④再次用中火加热。一边加热一边用硅胶刮刀搅拌，听到锅底发出吱吱的响声即可离火。

⑤关火后，将面糊盛至料理盆中，趁热分4次加入蛋液，每次都要充分混合。

要点

蛋液的量

因为蛋液较多，需要分4次加入。为了防止蛋液与面团分离，一定要充分混合后再加下一次蛋液。像图中那样用硅胶刮刀舀起，面糊呈成三角形为最佳。蛋液的量需根据实际进行调整。

2 造型与装饰

①使用直径为1.5cm的圆形裱花嘴，在铺好烘焙纸的烤盘上挤出直径为2cm的面糊。

②全部挤好后，表面刷蛋液，用糖粒做装饰。

3 放入烤箱烤制

放入事先预热至170℃的烤箱中烤制20分钟。

Cereals Stick
谷物能量棒
超级简单的制作方法！！
制作过程快捷，成品却十分美味。♪

原料	6个量
黄油	15g
棉花糖	50g
谷物（格兰诺拉）	80g

要点

切分成块要迅速

过多地用刮板按压会造成成品变硬。趁谷物还热的时候马上进行造型是关键。

制作方法

1 面团制作

①使用有特氟龙涂层的不粘平底锅，在锅中加入黄油和棉花糖。

②用较弱的中火加热，边搅拌边使其融化。

③离火后加入谷物，充分搅拌，使所有谷物表面均沾满棉花糖的溶液。

④将搅拌好的谷物放在烘焙纸上，再对折将谷物包裹，用切面刮板将其规整成长14cm、宽8cm的长方形。

2 冷却谷物

用烘焙纸包裹好，放凉至室温，使其变硬。

3 加工完成

用刀切成6份。

Fruit Gratin
焗烤水果

趁热食用的一款点心，
味道令人着迷。♪

原料	2份量
蛋液	1个鸡蛋量
酸奶	100g
蜂蜜	30g
低筋面粉	10g
苹果	60g
奇异果	50g
葡萄	6粒

[装饰材料]

糖粉	适量

事前准备

果物
苹果带皮切成半
月形薄片。
奇异果去皮切成
圆片。
葡萄去掉表皮。

制作方法

1 面团制作

①在料理盆中放入蛋液、酸奶、
蜂蜜。

②用打蛋器混合均匀，用滤茶网
筛入低筋面粉。

③将面糊搅拌至顺滑无干粉的
状态。

2 倒入烤碗中

3 放入烤箱烤制
并进行装饰

在耐热烤碗中薄薄地涂抹一层
黄油（不计入原料表），将30g苹
果、25g奇异果与3粒葡萄码放
好，倒入一半的面糊。同理，准备
好另外一份。

①放入事先预热至190℃的烤箱
中烤制15分钟。

②出炉后趁热撒上糖粉。

※本书所使用的是直径为13cm的耐热容器。

制作方法

1 粉类过筛和面团制作

①将低筋面粉放入保鲜袋中，筛粉方法请参考P6"粉类的过筛方法"。将软化好的黄油放入盆中，用硅胶刮刀将其搅拌至柔顺。然后加入绵白糖，充分搅拌至黄油颜色发白。

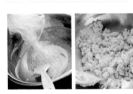

②分3次加入筛好的低筋面粉，每次都要进行充分混合。

如图所示

③当混合至无干粉时，用硅胶刮刀挤压面团，规整成团。

Short Bread

苏格兰黄油酥饼

一款口感酥脆、麦香十足的点心。

原料	12个量

[粉类]

低筋面粉	200g

[其他]

黄油	120g
绵白糖	50g

事前准备

黄油回温至室温。

要点

面粉的用量

此款甜点面粉和黄油的用量与其他甜点相比较多。将所有面粉一起倒入的话会很难混合，所以面粉一定要分3次加入，并逐次混合均匀。

---

2 将面团冷藏

用保鲜膜包裹好面团。使用切面刮板将其规整成厚1.5cm、长12cm的正方形后，放入冰箱冷藏室冷藏30分钟。

3 造型

用切面刮板横着切一刀，再纵着切五刀，共分成大小均等的12块。用叉子平均地在每个面团上戳6次。

4 放入烤箱烤制

放入事先预热至180℃的烤箱烤制20分钟。

自然甜滋味

Sweet Potato

红薯小甜点

红薯的甘甜满载♪
方便食用的小个头儿。

原料　12个量

红薯	200g
黄油	20g
绵白糖	60g
蛋黄	1个量
韧性咸饼干（市售）	12块

制作韧性饼干基底　也可使用P32所制作的韧性饼干。

[造型]

①用擀面杖将面团延展成5mm厚的薄片，再使用直径为4.5cm的圆形磨具压出形状。

②在烤盘上铺好烘焙纸，将12个圆形面片码放好。

③用叉子在每个面片上插三下。

④将剩余的面团聚集到一起，再次用擀面杖擀平，并切长条，放置于烤盘空隙处。170℃烤制13分钟。

制作方法

1 制作红薯泥

①煮红薯，至竹签可插透时红薯就煮好了。

②趁热用捣碎器压碎。

③盆中放入红薯泥、黄油、绵白糖，用硅胶刮刀搅拌。

④加入蛋黄，再次搅拌均匀。

⑤红薯泥过筛使之更为细腻。使用8齿8号裱花嘴，将红薯泥放入裱花袋中。

要点

过筛

红薯泥若是不过筛，红薯的纤维质会堵塞裱花嘴造成难以挤出的状况。在装入裱花袋前用滤网过筛一下为好。

2 挤红薯泥

①在铺好烘焙纸的烤盘上码好韧性饼干。裱花嘴向下靠近饼干，沿饼干边缘开始裱起。

②绕外侧一周，由外向里挤出红薯泥。挤好后提起裱花嘴便完成了。

3 放入烤箱烤制

放入事先预热至180℃的烤箱烤制10分钟。

Let's Wrapping!

我也能完成！！

简单的
包装教学

将烤制的点心包装得漂漂亮亮，
送给最重要的人吧。♪

在这里我们会介绍两种
外表精美的包装方法。

简单的包装教学①

使用两种包装纸，让包装更华丽

【准备工具】

包装纸（花纹·长25cm方形）	1张
包装纸（纯色·长25cm方形）	1张
礼品扎带	1根
装饰胶带	

【制作方法】

①将纯色的包装纸与带花纹的包装纸稍稍错开，重叠在一起。将已用保鲜膜包好的司康放到一端上，沿司康的轮廓折叠出包装的底部。

②底部用装饰胶带粘住，将剩余的3个司康放入，轻轻将口束起，再用礼品扎带捆扎好。

内装点心
酸奶芝麻司康　　　4个

> 制作方法见P48

简单的包装教学②

用蕾丝花边纸让包装袋大变身！！

【准备工具】

蕾丝花边纸（长20.5cm的方形）	1张
线绳（长30cm）	2根
蜡纸	

【制作方法】

①将蕾丝花边纸对折，像缝纫一样粗略缝制。将绳结打在蕾丝纸的孔洞上，左右各穿一绳。

②将另一端线头系成蝴蝶结，饼干用蜡纸包好，放入袋状的蕾丝装饰纸中。

内装点心
巧克力黄油曲奇　　　3个

> 制作方法详见P40

Part 3

轻奢风 ♪
磅蛋糕 & 塔类甜点

本章将介绍地道的磅蛋糕与塔类甜点的制作方法。
40~60分钟即可完成，作为礼物再合适不过了。

磅蛋糕

P72～P85

因为要选取初学者也不会失败的配方，所以本书尽是简单的制作方法。书中所介绍的磅蛋糕全部使用长 17.5cm、宽 8cm、高 8cm 的模具。

Carrot Cake

胡萝卜蛋糕

即使是讨厌胡萝卜的小孩子
也能一口气吃掉。♪

原料　1个量

[粉类]

低筋面粉	130g
泡打粉	3g

[其他]

奶油奶酪	60g
黄砂糖	60g
黄油	50g
蛋液	50g
胡萝卜	130g
葡萄干	50g
核桃	40g
胡萝卜榨汁	4小勺左右

制作方法

1 粉类过筛与面团的制作

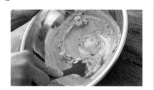

①将低筋面粉与泡打粉放入保鲜袋中，筛粉方法请参考P6 "粉类的过筛方法"。将软化好的奶油奶酪放入盆中，用硅胶刮刀将其搅拌至柔顺。然后加入黄砂糖，搅拌均匀。

②加入融化的黄油搅拌均匀。换打蛋器，分3次加入蛋液，每次都要混合均匀。

③再次使用硅胶刮刀，加入筛好的粉类进行混合，注意手法，不要过度搅拌。

如图所示

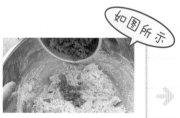

④在还剩一点干粉的时候加入胡萝卜、葡萄干、核桃。

⑤轻轻混合后一点点地加入胡萝卜汁以调整面团硬度。

要点

硬度的调节

胡萝卜挤出的汁不必全部加入面糊中。将面糊硬度调整至易丁倒入蛋糕模具的状态为佳。用硅胶刮刀舀起面糊时，面糊会滴落即可。因为不用胡萝卜汁全部加入，请视情况酌量调整。本次制作所剩原料的量如图所示。

2 倒入模具

①将烘焙纸铺在蛋糕模具中倒入面糊。

②把模具在桌子上轻轻磕几次，直到表面平整为止。

3 放入烤箱烤制

放入事先预热至170℃的烤箱烤制40分钟。

Banana Cake
香蕉蛋糕

口感醇香的香蕉蛋糕
与热牛奶一同享用吧。

原料 1个量	
[粉类]	
低筋面粉	100g
泡打粉	4g
[其他]	
黄油	70g
绵白糖	70g
蛋液	50g
香蕉	1~1.5根（约120g）
白兰地	一大勺

事前准备

黄油
黄油回温至室温。

香蕉捣碎

①香蕉剥皮，用手掰成小段。　②加入白兰地，用叉子捣碎香蕉并混合均匀。

制作方法

1 粉类过筛与面团制作

①将低筋面粉与泡打粉放入保鲜袋中，筛粉方法请参考P6"粉类的过筛方法"。将软化好的黄油放入盆中，用硅胶刮刀将其搅拌至柔顺。然后加入绵白糖，搅拌均匀。

如图所示

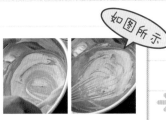

②黄油与绵白糖完全融合后，换打蛋器，将其搅打至发白。

如图所示

③分3~4次加入蛋液，每次都要混合均匀。

如图所示

④再次使用硅胶刮刀，加入筛好的粉类进行粗略的混合。在还剩一点干粉的时候加入事先捣碎的香蕉，再次混合。

2 倒入模具

将烘焙纸铺在蛋糕模具中倒入面糊。用硅胶刮刀由面糊中央向模具两端上抹平，使面糊形成一个V字形。

3 放入烤箱烤制

放入事先预热至170℃的烤箱烤制40分钟。

Crumble Cake

蓝莓奶酥蛋糕

顶部的奶酥丰富了口感，
使磅蛋糕大变身。

原料　1个量

[奶酥材料]	
低筋面粉	25g
杏仁粉	15g
黄油	15g
绵白糖	15g

[粉类]	
低筋面粉	100g
泡打粉	3g

[其他]	
黄油	30g
奶油奶酪	50g
绵白糖	80g
蛋液	50g
蓝莓(冷冻)	80g

事前准备

黄油
黄油回温至室温。

奶油奶酪
奶油奶酪回温至室温。

蓝莓
蓝莓室温自然解冻。

制作方法

1 蓝莓室温自然解冻

将制作奶酥的低筋面粉与杏仁粉放入保鲜袋中，筛粉方法请参考P6"粉类的过筛方法"。将软化好的黄油放入盆中，用硅胶刮刀将其搅拌至柔顺，加入绵白糖，搅打至颜色发白。加入筛好的粉类，用四根筷子将面粉搅拌混合，呈松散状。

2 粉类过筛面团制作

①将低筋面粉与泡打粉倒入保鲜袋中，重复上一步的筛粉步骤。往料理盆中放入黄油与奶油奶酪，用硅胶刮刀混合。

如图所示

 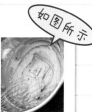

②分2次加入绵白糖，当白糖完全融入后换打蛋器搅拌至颜色发白。

如图所示

②分3次加入蛋液，每次都要混合均匀，在盆中还剩一点干粉的时候加入蓝莓，轻轻混合。

3 倒入模具

将烘焙纸铺在蛋糕模具中倒入面糊。将模具在桌子上轻轻磕几次，直到表面平整为止。撒上奶酥，使其布满蛋糕糊的表面。

4 放入烤箱烤制

放入事先预热至170℃的烤箱烤制40分钟。

伴着酸甜果香
蛋糕轻松做成

草莓大理石蛋糕

大理石花纹的制作方法
其实一点都不困难！！

磅蛋糕

原料　1个量

[粉类]

低筋面粉	100g
泡打粉	4g

[其他]

黄油	70g
绵白糖	60g
蛋液	50g
牛奶	30g左右
草莓粉	3g
草莓果酱	20g

事前准备

黄油回温至室温。

制作方法

1 粉类过筛与面团制作

①将低筋面粉与泡打粉放入保鲜袋中，筛粉方法请参考P6"粉类的过筛方法"。将软化好的黄油放入盆中，用硅胶刮刀将其搅拌至柔顺。然后加入绵白糖，搅拌均匀。黄油与绵白糖完全融合后，换打蛋器，将其搅打至发白。

②分3次加入蛋液，每次都要混合均匀。

③加入筛好的粉类进行粗略混合。

④加入牛奶以调节面糊硬度。

※加入30g牛奶后面糊依旧过硬的话，可再添加一些牛奶进行调整。

⑤取一半面糊倒入小盆中，加入草莓粉后用硅胶刮刀搅匀。

如图所示

⑥将步骤⑤的粉色面糊倒回之前的料理盆，加入草莓酱，用硅胶刮刀横竖切拌数次使其呈大理石花纹状。

要点

切勿过度搅拌

本想混合出大理石花纹的模样却搅拌过了头造成失败的例子也屡见不鲜。想做出漂亮的花纹只需轻轻搅拌几次即可。

2 倒入模具

将烘焙纸铺在蛋糕模具中倒入面糊。将模具在桌子上轻轻磕几次，直到表面平整为止。撒上奶酥，使其布满蛋糕糊的表面。

3 放入烤箱烤制

放入事先预热至170℃的烤箱烤制25分钟。

Chocolate Cake
巧克力蛋糕
核桃的香气与巧克力的微苦是绝配。

原料	1个量	

[粉类]

低筋面粉	50g
可可粉	30g
杏仁粉	30g
泡打粉	2g

[其他]

板状巧克力（微苦型）	100g
黄油	100g
白砂糖	80g
蛋液	100g
核桃	50g
巧克力碎	50g
牛奶	15g左右

事前准备

黄油
黄油回温至室温。

板状巧克力
板状巧克力切大块。

核桃
核桃放入160℃的烤箱中烤制10分钟。放凉后轻轻敲碎。

制作方法

1 粉类过筛

将低筋面粉、可可粉、杏仁粉与泡打粉放入保鲜袋中，筛粉方法请参考P6"粉类的过筛方法"。

2 面团制作

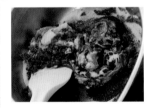

①锅中加入巧克力、黄油与白砂糖，置于小火上使其融化。

②锅离火，加入蛋液混合均匀。

如图所示

③加入筛好的粉类，搅拌至盆中剩余一点干粉时停止。

3 倒入模具

加入核桃、巧克力碎和牛奶搅匀。将面糊倒入铺好烘焙纸的模具中。

※加入15g牛奶后面团依旧过硬的话，可再添加一些牛奶进行调整。

4 放入烤箱烤制

把模具在桌子上轻轻磕几次，直到表面平整为止。放入事先预热至170℃的烤箱烤制40分钟。

Chocolate Marble Cake
巧克力大理石蛋糕

成品会呈现什么样的花纹呢？从进烤箱的那一刻开始期待吧！♪

原料　1个量

[粉类]

低筋面粉	100g
泡打粉	4g

[其他]

黄油	80g
绵白糖	70g
蛋液	50g
牛奶	30g左右
可可粉	5g

事前准备

黄油回温至室温。

制作方法

1 粉类过筛与面团制作

①将低筋面粉与泡打粉放入保鲜袋中，筛粉方法请参考P6"粉类的过筛方法"。将软化好的黄油放入盆中，用硅胶刮刀将其搅拌至柔顺。然后加入绵白糖，搅拌均匀。

②黄油与绵白糖完全融合后，换打蛋器，将其搅打至颜色发白。分3次加入蛋液，每次都要混合均匀。

③加入筛好的粉类进行粗略混合。加入牛奶以调节面糊硬度。取一半面糊倒入小盆中，加入可可粉后用硅胶刮刀搅匀。

※加入30g牛奶后面团依旧过硬的时候，可再添加一些牛奶进行调整。

如图所示

④将步骤③的可可面糊倒回之前的料理盆中，用硅胶刮刀横竖切拌数次使其呈大理石花纹状。

2 倒入模具

将烘焙纸铺在蛋糕模具中倒入面糊。把模具在桌子上轻轻磕几次，使其表面平整为止。

3 放入烤箱烤制

放入事先预热至170℃的烤箱烤制25分钟。

Chocolate Brownie

巧克力布朗尼

深受欢迎的一道甜点。切成喜欢的大小来享用吧。

[原料] 1个量

[粉类]

低筋面粉	30g
可可粉	20g

[其他]

蛋黄	1个量
牛奶	30g
绵白糖	40g
黄油	40g
核桃	30g
巧克力碎	30g

事前准备

黄油
黄油用微波炉加热至融化。

核桃
核桃放入160℃的烤箱中烤制10分钟。放凉后轻轻敲碎。

制作方法

1 粉类过筛

将低筋面粉、可可粉放入保鲜袋中，筛粉方法请参考P6"粉类的过筛方法"。

如图所示

③搅拌至盆中剩余一点干粉时停止。

2 面团制作

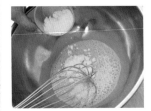

①将蛋黄和牛奶倒入料理盆中，用打蛋器搅拌均匀，加入绵白糖继续混合。

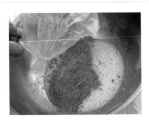

②加入筛好的粉类。

④加入融化的黄油、核桃和巧克力碎搅拌至无干粉。

3 倒入模具

①将面糊倒入铺好烘焙纸的模具中。

4 放入烤箱烤制

②把模具在桌子上轻轻磕几次，直到表面平整为止。

放入事先预热至170℃的烤箱烤制25分钟。

5 加工完成

待热气散去，切去四周多余的部分，再切割成喜欢的大小。

※此款磅蛋糕是由模具下半部烤制成型的，成品较薄。

香醇浓厚

芝士蛋糕

芝士特有的酸味使蛋糕风味绝佳。

原料	1个量

[粉类]

低筋面粉	15g

[其他]

奶油奶酪	130g
绵白糖	40g
蛋液	50g
柠檬汁	10g

[装饰材料]

糖粉	适量

事前准备

奶油奶酪回温至室温。

制作方法

1 面团制作

如图所示

①在料理盆中放入奶油奶酪,用硅胶刮刀将其搅拌至顺滑。加入绵白糖继续搅拌。当绵白糖完全融入奶油奶酪时换打蛋器搅打至颜色发白。

②分3次加入蛋液,每次都要混合均匀。

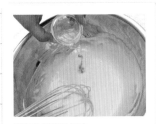

③加入柠檬汁混合。

④将低筋面粉放入保鲜袋中,筛粉方法请参考P6"粉类的过筛方法"。面粉筛好后倒入盆中,混合至无干粉。

2 倒入模具

将面糊倒入铺好烘焙纸的模具中。把模具在桌子上轻轻磕几次,使面糊表面平整。

3 放入烤箱烤制并装饰

放入事先预热至170℃的烤箱烤制25分钟。待热气散去,表面撒上糖粉做装饰。

※此款磅蛋糕是由模具下半部烤制成型的,成品较薄。

White Chocolate Cheese Cake
白巧芝士蛋糕
尽享白巧克力浓醇的一款蛋糕。

原料　1个量

[粉类]

低筋面粉	40g
泡打粉	1g

[其他]

奶油奶酪	200g
板状巧克力（白巧）	80g
绵白糖	60g
淡奶油（脂肪含量47%）	50g
蛋液	20g

事前准备

奶油奶酪
奶油奶酪回温至室温。

板状巧克力
板状巧克力切成大块。

制作方法

1 面团制作

①在锅中放入奶油奶酪，用硅胶刮刀将其搅拌至顺滑。

②加入巧克力、绵白糖与淡奶油，开小火使其完全融化。

③锅离火，将锅内物体转移到料理盆中。加入蛋液，使用打蛋器进行搅拌。

如图所示

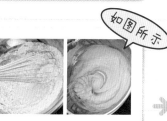

④将低筋面粉与泡打粉放入保鲜袋中，筛粉方法请参考P6"粉类的过筛方法"。面粉筛好后倒入盆中，混合至无干粉。

2 倒入模具

将面糊倒入铺好烘焙纸的模具中。把模具在桌子上轻轻磕几次，使面糊表面平整。

3 放入烤箱烤制

放入事先预热至170℃的烤箱烤制25分钟。

※此款磅蛋糕是由模具下半部烤制成型的，成品较薄。

超润的口感~

Financier Style Cake

费南雪蛋糕

蛋糕体湿润，口感纯实的一款蛋糕。

原料　1个量

[粉类]

低筋面粉	40g

[其他]

黄油	40g
绵白糖	60g
蛋液	50g
黄油（焦化黄油用）	20g

事前准备

黄油
黄油回温至室温。

制作焦化黄油
黄油（焦化黄油用）从冰箱拿出恢复至室温，放入锅中。用中火一边加热一边摇动锅子，待黄油颜色略微呈褐色即可停火。

制作方法

1 面团制作

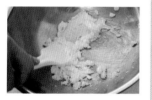

①在料理盆中放入黄油，用硅胶刮刀将其搅拌至顺滑。加入绵白糖继续搅拌。

②当绵白糖与黄油完全融合时改用打蛋器，搅打至颜色发白。

③分3次加入蛋液，每次都要混合均匀。

④将低筋面粉放入保鲜袋中，筛粉方法请参考P6"粉类的过筛方法"。面粉筛好后倒入盆中，用打蛋器用力混合均匀。

要点

混合要用力

这款蛋糕需要用力搅拌才能将面团的麸质析出，所以需要用打蛋器用力搅拌。搅拌至提起打蛋器时面糊呈如图一样的状态即可。

如图所示

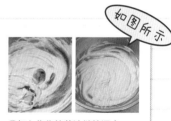

⑤加入焦化的黄油继续混合。

2 倒入模具

①将面糊倒入铺好烘焙纸的模具中。

②把模具在桌子上轻轻磕几次，使面糊表面平整。

3 放入烤箱烤制并装饰

放入事先预热至170℃的烤箱烤制25分钟。

※此款磅蛋糕是由模具下半部烤制成型的，成品较薄。

Blueberry Tarte

蓝莓塔

蓝莓果肉的甜与酸奶油的酸的完美结合。

原料　　1个直径为18cm的圆形塔模

塔皮（曲奇底）材料	
[粉类]	
低筋面粉	100g
泡打粉	2g
绵白糖	40g
[其他]	
黄油	50g
蛋液	10g
水	5g

[内馅材料]

酸奶油	90g
绵白糖	50g
蛋液	剩余（约40g）

※一枚鸡蛋打散成蛋液。内馅材料所使用的蛋液可以用制作塔皮时剩下的蛋液。所以称量出塔皮所需的10g蛋液后剩下的就可以为内馅所用，没有必要特地称量。

蓝莓(冷冻)	80g
巧克力碎	30g

[装饰材料]

糖粉	适量

事前准备

黄油
将黄油切成1cm见方的小块，放入冰箱，需要时再取出。

蛋液
在蛋液中加水，混合均匀。

1 粉类过筛

将低筋面粉、泡打粉、绵白糖放入保鲜袋中，筛粉方法请参考P6"粉类的过筛方法"。

2 面团制作

①筛好后将面粉倒入盆中，加入黄油。用手将黄油抓碎与面粉混合，使其呈蓬松状态。

要点

面团发黏

如果黄油开始粘手、难以操作的时候，就可选用切面刮板一边对黄油进行切割一边与面粉混合。

如图所示

②当面团呈黄色松散状时，用手将其搓碎。

③将蛋液倒入盆中，用硅胶刮刀搅拌均匀。

3 将面团冷藏

使用硅胶刮刀边压边将面团聚集到一起，放入保鲜袋中。放到冰箱冷藏室冷藏30分钟使其变硬。

4 装入圆形塔模

①在塔模内涂上一层黄油（不计入原料表）。将面团置于烘焙纸上，用擀面杖将其擀成一个比塔模稍大一些的圆。

②连同烘焙纸一起将擀好的塔皮托起，倒扣在塔模上。按压塔皮，使其与塔模侧壁完全贴合无缝隙。之后用擀面杖在塔模上擀一圈，这样多余的塔皮就会掉落下来。

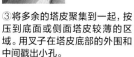

③将多余的塔皮聚集到一起，按压到底面或侧面塔皮较薄的区域。用叉子在塔皮底部的外围和中间戳出小孔。

1 制作内馅

在料理盆中倒入酸奶油和绵白糖搅拌至顺滑。分3次倒入蛋液，每次都要混合均匀。

2 将内馅倒入塔皮

冷冻蓝莓无须解冻，与巧克力碎一同放入内馅的液体中。轻轻搅拌，使其呈现出美丽的大理石花纹。将内馅倒入塔皮后，用硅胶刮刀轻轻抚平表面。

3 放入烤箱烤制与装饰

放入事先预热至170℃的烤箱烤制40分钟。待热气散去，撒上糖粉装饰即可。

Banana Tarte

香蕉塔

说起塔类甜点就一定会提到香蕉塔。♪

原 料　1个直径为18cm的圆形塔模

塔皮（曲奇底）材料	
[粉类]	
低筋面粉	100g
泡打粉	2g
绵白糖	40g
[其他]	
黄油	50g
蛋液	10g
水	5g

[内馅材料]

奶油奶酪	30g
绵白糖	30g
蛋液	剩余（约40g）

※一枚鸡蛋打散成蛋液。内馅材料所使用的蛋液可以用制作塔皮时剩下的蛋液。所以称量出塔皮所需的10g蛋液后剩下的就可以为内馅所用。没有必要特地称量。

淡奶油	50g
香蕉	1~1.5根（约120g）

事前准备

黄油
将黄油切成1cm见方的小块，放进冰箱冷藏室，需要时再取出。

制作蛋液
蛋液加水，混合均匀。

奶油奶酪
奶油奶酪回温至室温。

制作方法

1 制作塔皮

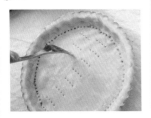

参考P87的"塔皮的制作方法"制作一份塔皮。

2 制作内馅

①往料理盆中倒入奶油奶酪，用硅胶刮刀搅拌至顺滑，加入绵白糖再次混合均匀。

②分3次倒入蛋液，每次都要混合均匀。加入淡奶油，搅拌均匀。

3 将内馅倒入塔皮

①将香蕉切成1cm厚的片，码放到塔皮中，然后倒入内馅。

②用硅胶刮刀轻刮，使香蕉的断面全部沾到液体。

4 放入烤箱烤制

放入事先预热至170℃的烤箱烤制40分钟。

原料　2个直径为12cm的圆形塔模

塔皮（曲奇底）材料	
[粉类]	
低筋面粉	100g
泡打粉	2g
绵白糖	40g
[其他]	
黄油	50g
蛋液	10g
水	5g

事前准备
黄油 黄油切成1cm见方的小块，放入冰箱，需要用时再拿出。 **制作蛋液** 蛋液中加水，混合均匀。 **板状巧克力** 板状巧克力切大块。

制作方法

Chocolate Ginger Tarte
生姜巧克力塔
冬天吃起来身体都会暖暖的。♪

[内馅材料]	
板状巧克力（微苦型）	100g
黄油	30g
蛋液	30g
生姜（管装）	15g
蜂蜜	20g
低筋面粉	10g
杏仁片	30g

[装饰材料]	
糖霜	
糖粉	适量
水	适量

1 制作塔皮

参考P87的"塔皮的制作方法"制作塔皮面团。将面团分割成两份，放入冰箱冷藏30分钟。参照P87"塔皮的制作方法"的第4步"装入圆形塔模"的步骤将塔皮面团装入2个直径为12cm的塔模。

2 制作内馅

①锅中加入巧克力与黄油，开微弱的中火使其全部融化。

②锅离火，加入蛋液、生姜和蜂蜜搅拌均匀。面粉用滤茶网筛入盆中，搅拌至顺滑。

③加杏仁片，继续混合。

3 将内馅倒入塔皮

将香蕉切成1cm厚的片，码放到塔皮中，然后倒入内馅。用硅胶刮刀轻轻抚平表面。

4 放入烤箱烤制与装饰

放入事先预热至170℃的烤箱烤制30分钟。待完全冷却后，糖粉加水调整硬度，做成糖霜装饰表面。

※也可以使用1个直径为18cm的圆形塔模。

黄砂糖的
风味突出♪

Apple Tarte

苹果塔

内馅做法与白酱的制作相似，一边思考着白酱的做法
一边制作内馅吧！！

原 料 1个直径为18cm的圆形塔模

塔皮（韧性饼干底）材料	
[粉类]	
低筋面粉	100g
泡打粉	2g
盐	1g
绵白糖	5g
[其他]	
黄油	30g
水	30g

[内馅材料]	
黄油	20g
苹果	1/2个
低筋面粉	10g
牛奶	80g
绵白糖	30g
白兰地	10g
黄砂糖	20g

事前准备

黄油
将黄油切成1cm见
方的小块，放进冰
箱冷藏室，需要时
再取出。

苹果
苹果去核，带皮切成1cm见方的
小块。

1 粉类过筛

将低筋面粉、泡打粉、盐和绵白糖放入保鲜袋中，筛粉方法请参考P6"粉类的过筛方法"。

2 面团制作

①筛好后将粉类倒入盆中，加入黄油。用手将黄油抓碎与面粉混合，使其呈松散状态。

要点

面团发黏

如果黄油开始粘手，难以操作的时候，就可选切面刮板一边对黄油进行切割一边与面粉混合。

如图所示

②当面团呈黄色松散状时，用手将其搓碎。

③将蛋液倒入盆中，用硅胶刮刀搅拌均用。

3 将面团冷藏

使用硅胶刮刀边压边将面团聚集到一起，放入保鲜袋中。放到冰箱冷藏室冷藏30分钟，使其变硬。

4 装入圆形塔模

①在塔模内涂上一层黄油（不计入原料表）。将面团置于烘焙纸上，用擀面杖将其擀成一个比塔模稍大一些的圆。

②连同烘焙纸一起将擀好的塔皮托起，倒扣在塔模上。按压塔皮，使其与塔模侧壁完全贴合无缝隙。之后用擀面杖在塔模上擀一圈，这样多余的塔皮就会掉落下来。

③将多余的塔皮聚集到一起，按压到底面或侧面塔皮较薄的区域。用叉子在塔皮底部的外围和中间戳出小孔。

1 制作内馅

平底锅中放入黄油，待其融化后加入苹果与低筋面粉，开火进行炒制。分3次加入牛奶，每次都要混合均匀。然后加入绵白糖与白兰地搅拌，当质地变粘稠时即可关火。

2 将内馅倒入塔皮

将内馅倒入塔皮，用硅胶刮刀轻轻抚平表面后，将黄砂糖撒满表面。

3 放入烤箱烤制与装饰

放入事先预热至170℃的烤箱烤制30分钟。

Pumpkin Tarte

南瓜塔

有着独特风味的南瓜与起着画龙点睛作用的坚果真是美味极了。

原料 2个直径为18cm的圆形塔模

塔皮（韧性饼干底）材料	
[粉类]	
低筋面粉	100g
泡打粉	2g
盐	1g
绵白糖	5g
[其他]	
黄油	30g
水	30g

※或使用1个直径为18cm的圆形塔模。

[内馅材料]	
南瓜（冷冻）	100g
黄油	50g
绵白糖	50g
淡奶油（脂肪率47%）	30g
低筋面粉	10g
蛋液	20g
核桃	50g

[装饰材料]	
糖粉	适量

事前准备

黄油
将黄油切成1cm见方的小块，放进冰箱冷藏室，需要时再取出。

南瓜
南瓜解冻，削去外皮。

核桃仁
将核桃仁置于160℃烤箱中烤制10分钟，待凉后轻轻敲碎成小块。

制作方法

1 制作塔皮

参考P87"塔皮的制作方法"制作塔皮面团。将面团分割成两份，放入冰箱冷藏30分钟。参照P87"塔皮的制作方法"的第4步"装入圆形塔模"的步骤将塔皮面团装入2个直径为12cm的塔模。

2 制作内馅

如图所示

①在锅中加入南瓜、黄油、绵白糖与淡奶油，开中火边加热边搅拌，沸腾后离火。

②把低筋面粉用滤茶网筛入盆中，大致混合一下。然后加入蛋液轻轻混合后加入核桃继续搅拌混合均匀。

3 将内馅倒入塔皮

将内馅倒入塔皮中，用硅胶刮刀抚平表面。

4 放入烤箱烤制

放入事先预热至170℃的烤箱烤制30分钟。

5 加工完成

待完全冷却后，使用镂空模具在表面撒上糖粉做出造型。

向荻山老师问问看吧

一些关于磅蛋糕与塔类甜点的制作的小疑问，荻山老师在此作了解释。

磅蛋糕·塔类甜点

Q&A

Q1 用磅蛋糕模具烘焙时需要准备些什么吗？

A：使用磅蛋糕模具需要铺上烘焙纸。为了符合模具器形，要事先将烘焙纸裁好。

①将烘焙纸比着蛋糕模具折出形状，注意留出富余，烘焙纸的大小要比蛋糕模具的大一些。沿折痕剪裁好。　②根据模具形状折出所有折痕。　③折好烘焙纸，放入模具中。

Q2 如何在塔模上涂抹黄油？

A：在塔模上薄薄地涂上一层黄油。为使塔模细小的角落也能被涂抹到，不要使用刷子等工具，而是用手指来涂抹。

Q3 塔皮不需要预先烤一下吗？

A：塔皮没有必要预先烤制。因为塔皮在制作过程中已经极力减少水分了，塔皮面皮装模，倒入内馅后直接烤制即可。这样短时间内就可完成塔的制作了。

Q4 有没有脱模的好方法介绍？

A：磅蛋糕模用手提拉露出的烘焙纸就可取出。塔模需待热气散去，将塔的正中央置于一个不易倾斜的罐头上，两手向下卸下模具即可。

磅蛋糕模　　　　　　　　塔模

Q5 塔皮必须要放在烘焙纸上擀吗？

A：为了防止塔皮在放入塔模时发生破裂，所以选择在烘焙纸上擀塔皮。并非一定要在烘焙纸上擀塔皮不可。多做几次，熟练上手以后，在烘焙垫上擀也是可以的。

主要原料和工具

在这里将介绍一些面粉类甜点所需的原料和工具。

"低筋面粉"

面粉是制作点心的基本材料。本书使用的面粉是家庭中常用的花牌面粉。

"泡打粉"

泡打粉是以苏打粉和酸性材料为主要成分的膨胀剂。使用它是为了使面团膨胀。市面上有贩售的话，购买其中任意一种都可以。

"鸡蛋"

加入鸡蛋可使面团质地变得细腻。一定要打散后使用。本书所使用的是M号大小中等的鸡蛋。

"糖"

在糖的选用上，在没有特别标明的情况下全部使用绵白糖。所用白砂糖均为细砂糖。糖中有结块的话需要碾碎后使用。

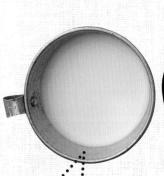

"牛奶"

牛奶可调节面团硬度还可增加成品风味。从冰箱中拿出的牛奶需要回温至室温后再使用。

"黄油"

可以增加面团风味。本书使用的是含盐黄油。用无盐黄油也可以，但更推荐含盐黄油。

"料理盆"

混合原料时使用。本书所用的是直径26~27cm的不锈钢盆。对于盆的大小并没有特别规定，而是这种大小的料理盆易于混合材料。

"保鲜袋"

筛粉时使用。本书所使用的是30cm×25cm的保鲜袋。

"烘焙垫"

为面团造型时使用。烘焙垫多为帆布材质或硅胶材质，使用案板替代也可以。

"硅胶刮刀"

混合面团时使用。混合少量原料或想将面团聚集到一起时可以用硅胶刮刀来帮忙。

"打蛋器"

混合面团时使用。想要充分搅拌原料时可以使用打蛋器。

"切面刮刀"

当面团需要聚集、规整、切割时使用。弧形面与水平面要区分使用。用刀也可代替。

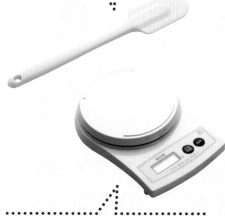

"裱花袋"

本书所使用的裱花袋是市面上所贩售的。也可用透明保鲜袋代替。

"秤"

称量原料时使用。本书使用的为电子秤。书中除了一些材料过轻，无法用克（g）标记外，其余均以克（g）为单位。

"滤茶网"

筛少量粉时不需要将粉放入保鲜袋中，用滤茶网过筛即可。撒糖粉做装饰时也用得到。

内 容 提 要

本书介绍了面包房里常见的各式甜点的制作方法。书中不仅将曲奇、小甜饼、司康、马芬、磅蛋糕、塔类甜点及其他果腹小甜点的制作步骤以图文并茂的形式详细展现出来，还在章后对一些制作时容易发生的常见问题进行了解答，同时介绍了简单的包装教学，学习之后可以将您亲手烘焙的甜点配以精美的包装送给最重要的人。

北京市版权局著作权合同登记号：图字01-2015-1971号

本书通过创河（上海）商务信息咨询有限公司代理，经日本株式会社日东书院本社授权出版中文简体字版本。

OGIYAMA KAZUYA NO KOMUGIKO NO AJI GA SHIKKARI WAKARU YAKIGASHI SWEETS

Copyright © Kazuya Ogiyama 2012

All rights reserved.

First original Japanese edition published by Nitto Shoin Honsha CO.,LTD.

Chinese (in simplified character only) translation rights arranged with Nitto Shoin Honsha CO.,LTD.

through CREEK & RIVER Co.,Ltd. and CREEK & RIVER SHANGHAI Co.,Ltd.

图书在版编目（ＣＩＰ）数据

新手学烘焙日常甜点 / （日）荻山和也著 ； 苏婷婷译. -- 北京 ： 中国水利水电出版社，2017.8
ISBN 978-7-5170-5653-9

Ⅰ. ①新… Ⅱ. ①荻… ②苏… Ⅲ. ①烘焙—糕点加工 Ⅳ. ①TS213.2

中国版本图书馆CIP数据核字(2017)第181141号

日方工作人员：

企划·制作	HYOTTOKO production.inc
编 辑	吉村Tomoko 川田静香 安藤秀子 小谷由纪惠
监督编辑	中川通 渡边垒 编笠屋俊夫 牧野贵志（辰巳出版株式会社）
设 计	臼井修（Thumb Design Studio）
摄 影	中村介架 造 型 细井美波
料理助手	菅沼亚纪子 平田爱（荻山和也的面包教室）
摄影支持	cuoca http://www.cuoca.com awabees http://www.awabees.com

策划编辑：庄晨　　责任编辑：陈洁　　加工编辑：白璐　　美术编辑：偶然印象

书　　名	新手学烘焙日常甜点 XINSHOU XUE HONGBEI RICHANG TIANDIAN
作　　者	[日] 荻山和也 著　苏婷婷 译
出版发行	中国水利水电出版社（北京市海淀区玉渊潭南路1号D座 100038）网址：www.waterpub.com.cn E-mail：mchannel@263.net（万水）　　　sales@waterpub.com.cn 电话：（010）68367658（营销中心）、82562819（万水）
经　　售	全国各地新华书店和相关出版物销售网点
排　　版	北京万水电子信息有限公司
印　　刷	北京市雅迪彩色印刷有限公司
规　　格	184mm×240mm　16开本　6印张　125千字
版　　次	2017年8月第1版　2017年8月第1次印刷
定　　价	39.80元